安利企业文化丛书

Rich Devos

（美）理查·狄维士 著

HOPE
FROM MY HEART
TEN LESSONS FOR LIFE

安利（中国）日用品有限公司 译

心底的希望
人生十课

海天出版社
HAITIAN PUBLISHING HOUSE
·深圳·

图书在版编目 (CIP) 数据

心底的希望：人生十课 /（美）理查·狄维士著；安利（中国）日用品有限公司译. — 深圳：海天出版社，2022.4

ISBN 978-7-5507-3299-5

Ⅰ.①心… Ⅱ.①理… ②安… Ⅲ.①人生哲学—通俗读物 Ⅳ.①B821-49

中国版本图书馆CIP数据核字（2021）第253892号

著作权合同登记号 图字：19-2021-285 号
Hope from My Heart：Ten Lessons for Life by Rich Devos
Copyright © RDV PUBLISHING LLC
Current Chinese translation rights arranged through Amway（China）Co.，Ltd.

心底的希望：人生十课
XINDI DE XIWANG：RENSHENG SHIKE

出 品 人	聂雄前
责任编辑	孙 艳
责任校对	李 想
责任技编	梁立新
封面设计	蒙丹广告

出版发行	海天出版社
地 址	深圳市彩田南路海天综合大厦（518033）
网 址	www.htph.com.cn
订购电话	0755-83460239（批发、邮购）
设计制作	蒙丹广告0755-82027867
印 刷	当纳利（广东）印务有限公司
开 本	787mm×1092mm 1/16
印 张	4.5
字 数	80千
版 次	2022年4月第1版
印 次	2022年4月第1次
定 价	48.00元

致 谢

在这本书的写作过程中，我有幸得到许多人的帮助，首先在此向他们致以诚挚的谢意。

其次，特别感谢我的爱妻海伦，我们共同拥有人生的许多经历和感受。在这本书的写作过程中，她主动担任编辑，并为此倾注了大量心血，做了太多有价值的工作。

我还要感谢我的孩子们——狄克、丹、雪莉和德，以及保罗·康恩医生、肯·罗斯、朱迪思·马克姆、吉姆·布鲁因、比利·佐利、比尔·佩恩、阿兰·内文斯和托马斯·尼尔森出版社 J.Countryman 中那些令人尊敬的职员，以及其他为这本书的出版做出贡献的人。

我希望这本书能够为读者们带来祝福，如同我这一生得到的诸多祝福一样。

十个关键词成就了我的人生十课，也展现了我心底的希望。无论何时何地，只要我们活着，就应该铭记：人生无绝路，希望在转角。

最后，谢谢美妙的缘分让我们在这本书里相见，茫茫人海里，请记得自己心底的希望。

序

　　这是一本充满实用智慧的书，阐述了我的一些简单的感悟，这些都来自我几十年的人生经历。我想把这些成功的经验或失败的教训，全都告诉你，希望能唤起你心底的希望。

　　帕特里克·亨利①曾经说过："经验是一盏明灯，帮我照亮前行的路。"未来无法断定，但可以根据经验去推测。我领悟到了这句话的真谛，愿意和你分享我的经验之灯，希望你们在它的指引下，将脚下的路走得更平坦。我是一个注重实践的人，人生的大部分经验来自实践。我喜欢在实践中学习，在学习中实践。但人人都有盲点，再优秀的人也不例外。我是个纯粹的乐天派，以至于有时候我会表现得过于天真。但我的人生信念从来都不曾动摇，我也从未被挫折吓倒过。

　　在很久以前，我就已经懂得梦想是成功的基石。即使你的梦想在他人眼中，根本不切实际，毫无道理，你也要坚信它，并让它引领你，一步步向前走。世界上最伟大的力量之一，就是人们相信自己，敢梦敢想，对人生抱有高度的期望，为实现人生目标砥砺前行。

　　我相信，想要真正地实现梦想，行远胜于言。经常有人问我是如何取得成功的，我的回答是：努力工作，竭尽全力向着目标前进。还有，不论对自己，还是对他人，永

1　帕特里克·亨利 (Patrick Henry，1736—1799)，美国独立战争时期杰出的演说家和政治家，以《不自由，毋宁死》的演说而闻名。

远不要失去希望。

　　经验是最好的老师——这是我从一次又一次的磨砺中，得到的最大收获。1997 年，在我 71 岁的时候，我接受了心脏移植手术。如果没有信念的支撑，我根本无法通过术前的初查、复查，更无法从身体上、心理上和精神上，挺过手术中的种种艰辛。我祈祷你们永远不会拥有这样的经历，毕竟从统计学上来说，只有极少数人会遭遇这种不幸。不过，每个人或早或晚，都要面对某种人生危机。在危机爆发之前，你需要未雨绸缪，做好充分的准备。除了要有坚不可摧的信念，还要具备良好的心理素质，你才能跨越人生最恶劣、最黑暗的时期。总而言之，无论发生什么，你要时刻满怀希望。

　　古希腊哲学家赫拉克利特有句名言，"人不能两次踏入同一条河流"，任何事物都不是静止不变的，但如果我们能把坚定的信念、价值观和完善的人格，当作人生的基石，那么即使所处的环境发生翻天覆地的变化，我们都能从容应对。我将用十章的篇幅，围绕哲学、信仰、价值观和人格特征，和你们分享我的人生感悟。这些都是我最有价值的财产。我祈祷，这些感悟能为你点亮一盏希望之灯，照亮你的成功之路。

理查·狄维士

于 2000 年夏

目录
CONTENT

CHAPTER I

第一课　希望

　　没有谁的生活能永远一帆风顺，我也不例外。不过，我总是把艰难困苦当作挑战，并且从不放弃希望。我坚信，严峻的挑战意味着全新的机遇——学习的机遇、成长的机遇、变得强大的机遇，甚至是获得成功的机遇。

尽管理查出身贫寒，但他的成长之路却充满了父母给予的爱、乐观和希望。

三年前①，我躺在异国他乡的病床上，接受心脏移植手术。那一刻，过去的一幕幕在我的眼前闪过。以前，不论是选择放弃，还是百折不回，选择权总是握在我的手中。但这一次，我却只能听天由命。

其实，最初的病兆在 14 年前就已经出现了。那天似乎一如平常，然而一大早我就觉得两脚不稳，很难保持平衡。刚到门口，我就撞到了门框。我竭力调整身体，想要向前走，但是身体却不由自主地倒向了左边。

太太海伦劝我去医院检查一下，但一向乐观的我拒绝了。我确信自己只是太累了，只要稍微休息一下，腿脚就会恢复正常。但在海伦的一再坚持下，我还是做出了让步，去了医院。

我们都以为只要简单做些检查，开点药就完事了。但医生却要求我立刻入院，接受进一步检查。诊断结果吓了我们一跳，我患上了短暂性脑缺血。医生解释说，这是中风或心脏病发作的前兆，建议我立刻调节生活方式。

于是，我开始调整饮食结构，不断减少胆固醇的摄入，并且养成了每天锻炼的习惯。然而没坚持多久，我又回到了像过去那样忙碌的日子。紧张的会议和演讲日程，和杰一起处理安利繁杂的日常事务……这些工作塞满了我每天的时间表。

三年后，我和孩子们——狄克、丹、雪莉和德一起参加"女王杯"单桅帆船赛。这场持续一整夜的比赛，行程横跨密歇根

① 指 1997 年。——编者注

湖，从威斯康星州的密尔沃基出发，直到密歇根州的格兰德黑文。为了熟悉赛道，7月4日傍晚我们驾驶着50英尺^①长的"索风"号(Wind Quest)从格兰德黑文出发。

我喜欢帆船赛的刺激，它要求参赛者必须具备强健的体魄和高度的注意力。当我在帮忙改变帆向、降下大三角帆时，突然感到胸部一阵剧痛。为了不让大家为我担心，我没有吭声，只是默默地回到了船舱里，试着多休息一会儿。

但是第二天早晨，我再也无法忍受胸部的疼痛，于是就安排飞机到密尔沃基，接我回了大急流城。

经过医生的深入检查，我被确诊患上了冠状动脉堵塞。胸外科医生露易斯·托马提斯决定，立刻为我进行心脏搭桥手术。

我从没想到有一天我也要进行心脏手术，或许我忘了患短暂性脑缺血时医生的警告；或许我以为健康的饮食和规律的运动，已经解决了这个隐患。无论如何，我都感到异常震惊，甚至有些气馁。我发现，人在面对无法掌控的挑战面前，要保持希望真的很困难。

手术时，医生们发现我动脉的受损程度远远超出了想象。他们共做了6条新血管，而不是原本预计的3条或4条。不过，手术非常成功。这次经历让我对生活重新充满感激，有理由再次怀抱希望，更使我意识到"时光易逝"。在此之前，我十分清晰地知道自己的未来，但突然间它变得不确定了。康复期间，我学

---

① 英尺，英美制长度单位，1英尺 ≈ 0.3048米。

会了放松，拥有了很多的休闲时间，并开始计划我和海伦的"圆梦计划"。

不幸的是，"健康保卫战"刚刚拉开序幕，1992年夏天，我又不幸罹患脑中风。虽然病情不是很严重，但我还是不得不面对一个难题：是否继续担任安利的总裁？我喜欢这份工作，并和搭档杰一起为它奉献了大半生。我

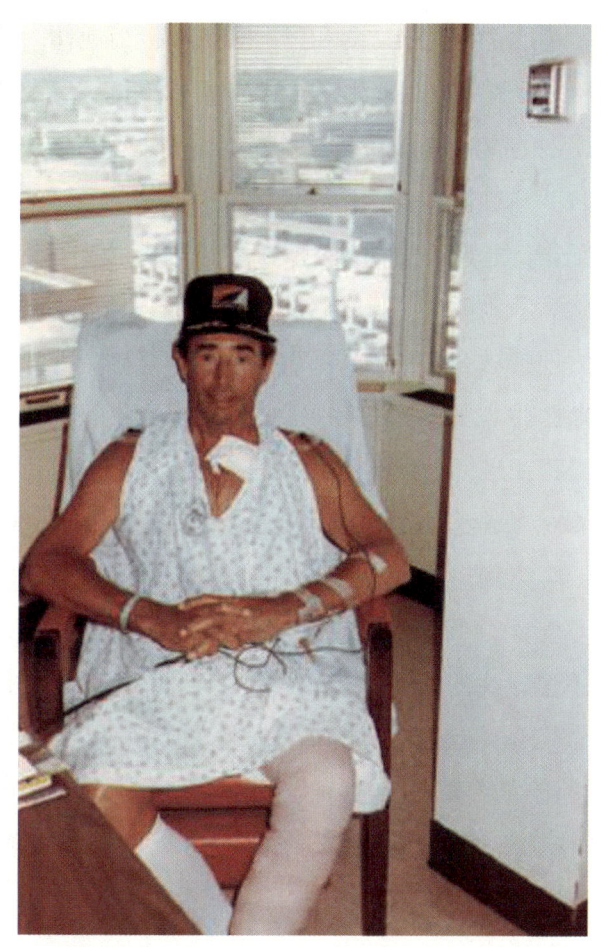

理查接受了心脏搭桥手术，这也拉开了他"健康保卫战"的序幕。

们度过了许多风风雨雨，公司的经营已经相当成功，我们的努力已经结出累累硕果。但我必须弄清楚：我的身体还能不能承受管理一家大型企业。这是一个我不愿提起，也不愿做出明确回答的问题。

　　此后，我的饮食和日常锻炼都极为规律，我过着更悠闲的生活。尽管我已调整生活方式，但12月的一天凌晨4点，我还是被剧烈的胸痛惊醒了，我意识到自己的心脏病又复发了。救护车火速将我送往医院的急诊室，抵达时，我的心脏几乎停止了跳动。我记得，急诊室里负责测量脉搏的护士说了一句："没有脉搏了！"然后我就昏迷了。之后发生的事情，我大都不记得了。医生们竭力地挽救我的生命，不过他们也不能确定我能否活下去。托马提斯医生和里克·麦克纳马拉医生告诉我的家人，克利夫兰医疗中心正在进行一种实验性疗程，建议他们可以和医疗中心联系一下，看对方是否愿意接收我。又一次，我的希望出现了。

　　克利夫兰医疗中心最好的医生同意为我做检查，但他们也不能保证我能完全康复。对于那段日子，我的记忆比较模糊，不过，我的长子狄克记得，考斯格鲁夫医生相当直率。他为我做完身体检查后，看着一张张的图表和检测结果说，在早晨的检测结果出来之前，他不会对我的病情做出任何判断。这位医生后来成了我的朋友，他承认，对于我是否能活过当晚，他没抱任何希望。对我而言，尽管希望渺茫，但手术是我继续生存的唯一机会。

　　确定我们同意接受风险后，考斯格鲁夫医生答应进行手术。这次手术持续了相当长的时间，进行了3条动脉的搭桥。考斯格鲁夫医生说，我的心脏肌肉严重受损，不过医生们都有信心，手术之后我的状况肯定会比手术前稳定。果然，手术后我的病情较之前已相对平稳。

尽管身体还很虚弱，我还是坚持回家过圣诞节。然而喜悦的时光总是短暂的，不久我的胸腔又感染了葡萄球菌。

此后的几周，情况一团糟。医生又为我做了三次开胸手术，以消除肋骨、胸骨和手术处的炎症。由于失去了太多组织，整形医师摩尔必须切开我的胸部肌肉，调整位置，重置

尽管在二十多岁时，理查还是个"菜鸟水手"，但多年之后，他成为一名真正的航海专家，还曾多次参加比赛。

胸膛，好让伤口愈合。很长一段时间之后，我恢复了一些力气，才知道这次感染差点要了我的命，我已经数次和死神擦肩而过。我不大记得自己是如何挺过那些日子的，但是我知道，我已经做好了迎接死亡的准备。

每个人在接受重大手术时，都不可避免地猜测："这是不是

我生命的最后一站？"

　　尽管我的生命曾陷入层层危机之中，但我对未来的希望之火却从未熄灭过。生命就如奔涌的河流，虽遭遇无数礁石和暗流，却从未停下前行的脚步。

　　当然，死亡意味着生命的终结，不论你是否愿意，你总会在某一时刻与它相遇。我有坚定不移的信念，我已经做好了充分的准备去迎接它。不过，没有经历过死亡威胁的人，很难真正理解这个道理。对我来说，就算人生的旅程充满了风吹雨打，希望之火也应永不黯淡。生活就如同在海上航行，你总会遇到很多令人不安的因素，那些生活环境的改变，要么击垮我们，要么成就我们。生命的精彩不应该取决于你享受了多少明媚的时光，而是你曾经擦亮了多少被艰难困苦充斥着的日子。

　　希望照亮了我的人生旅途，为阴霾笼罩的夜空撒上灿烂的光辉，它是我追求卓越的源泉所在。

CHAPTER Ⅱ

第二课　坚持

在儿女们还小的时候，我和海伦经常读故事给他们听。他们最喜欢的一本书就是《小火车做到了》。这本经典之作，也是我的最爱。故事中，想爬上最高峰的小火车为自己加油打气，"我一定可以，我一定可以"，小火车的呐喊就这样留在了我们两代人的记忆里。这本书的词汇和插图通俗易懂，但用今天的价值观来看，故事本身却近乎幼稚。然而，它却试图告诉读者一个道理：只要坚持，就会成功。"我想我能！我想我能！"会有一天变为"我做到了！我做到了！"。

坚持是取得成功的最重要因素之一。如果你曾跌倒100次，还能拍拍身上的尘土爬起来，大声喊出"让我尝试第101次！"，你肯定会是胜利者。正如小火车重复的那句话"我想我能！"，胜利只属于这样的强者。

不过，坚持不等于固执，不要将意志坚定和思想僵化混为一谈，它们并不相同。坚持能推动你前进；固执却常常让你钻入死胡同，从而一事无成。坚持让人与生活紧密地联系在一起，帮你保持前行的动力，固执却使你无视事实，莽撞行事。坚持拥有特定的目的，源自一个决定，为实现一个目标而努力；固执则是随意的、漫无目的，只能给人带来烦恼。如果你是有着明确目标并坚持不懈的人，你会很容易找到志同道合的伙伴；如果你一味固执又行事鲁莽，你就总会陷入孤立无援的状态。

　　我对于坚持的大部分理解，都是源自祖父的言传身教。他是个老式的"小商贩"，每天开着一辆旧货车去市场进购蔬菜，然后挨家挨户地卖给左邻右舍。有时，我会帮他卖一些剩下的货物。在祖父的帮助下，我做成了人生的第一笔生意——卖洋葱。我从中学到了坚持的重要性，它让我受益终身。从那以后，只要我的祖父有卖剩的蔬菜，我都会再拿出去卖。我喜欢这种需要坚持和不懈努力的工作。

　　在祖父的陪同下，理查做成了第一笔生意。尽管只赚了几美分，却让理查懂得了坚持的重要性，这让他受益终身。

高中时的一次经历让我再次领悟到坚持的价值。那年，我15岁，父母把我送进附近一所私立的基督教高中读书，并为此花费了一大笔学费。和大多数同龄人一样，我整天吊儿郎当，对学习漠不关心，只想谈恋爱，得过且过。一年级的毕业考试，即使我拼尽全力，也仅有拉丁文一门功课勉强过关。

学年结束的时候，父亲对我说："我们不会为你混日子的行为，再多花一分钱。"于是，第二年我就转到了一所公立高中。一年后，我太想念我的朋友们了，就跟父母说想再转回基督教高中。

不过，我的父亲却告诉我："如果你真想回去，就必须自己支付所有的费用。"既然自己做出了决定，就要承担相应的后果。虽然重回基督教高中，意味着我要独立承担很多费用，但经过深思熟虑之后，我还是选择回去。这是我一生中做

祖辈们身体力行，将家族价值观和信念，传递给了理查。

出的第一个重大决定，我为自己有了明确的目标而高兴，也坚定了为实现它而努力的决心。

我在一所加油站找到了一份兼职——为汽车加油、清洗挡风玻璃。原以为这样赚到的钱足够支付我上学的全部费用，然而那些钱仅够支付学费，其他的杂费仍没有着落。这时，父母向我伸出了援手。他们说，如果我能坚持，他们愿意为我支付其他费用。

即便是一些很小的决定，也可以改变你的人生轨迹。其实，靠着努力重回基督教高中，和我人生中的其他决策相比，并不算重大，但它却对我的人生产生了极为深远的影响。

有些决定看似很不起眼，但就是这些不起眼的决定聚集在一起，也会引发一个非常重要的决定。我经常回忆，我和杰是如何决定购买安利公司的第一架飞机的。飞机制造商提议我们试乘试驾一次飞机，我们没法拒绝；他们随后又把飞机留在小镇上，让我们使用一段时间，我们同样没法拒绝；接着，他们试图把飞机收回，这一次我们拒绝了，并且毫不犹豫地买下了它。这就足以证明，一系列小的决定，最终将累积并演变成为一个相当大的决定。

做出的决定无论大小，都意味着为自己设定了目标。这需要真正的勇气。一个能扼住命运咽喉的重要决定，注定会改变你的一生。没有经历过痛苦，没有付出过行动，没有恒心和激情，就不可能会有真正的回报。多年后，我和杰经营着世界上最大的直销公司之一——安利，我给成千上万的人宣讲，你可以从安利开始，从兼职开始，开创自己的事业。尽管如此，我从来没有试图误导过人们，让他们觉得在安利可以不劳而获。当有人找到我们，跟我们说他想一夜暴富的时候，我们只能告诉他："对不起，你只能另辟蹊径。"世上亘古不变的一个道理是，要想成功，就要努力奋斗。一旦你设定了目标并为之付出努力，就算偶尔感到疲惫不堪或心灰意冷，你的恒心也会支持你克服困难、迎接曙光。

如果你怀揣着一腔创业热情，但却"心比天高，钱比纸薄"，那么你可能会听到别人说："你是疯了吗？"我就经历过这些。那些不了解真相的人，并不觉得你是兢兢业业地做事，只会觉得你异想天开。如果当时我听了朋友的建议，或屈从于那些批评和质疑，我就不可能拥有现在的成就。值得庆幸的是，杰和我都足够"疯狂"，去追寻我们的梦想，才有了现在遍布全球的安利公司。

理查从年轻时就已经懂得，想要获得成功，坚持必不可少。

　　事实上，一些绮丽的梦想通常源于模糊的想法。起初，我们的目标非常简单：我们只想拥有自己的事业，并且做好了为实现这个目标而奋斗的准备，但我并不知道如何下手。刚开始创业的时候，杰和我都是一步一个脚印，靠着坚持才取得了一次又一次的成功。当我们羽翼日渐丰满，公司通过销售赚到了第一桶百万资金的时候，我们开始梦想得到第二个一百万，事实上我们也做到了。渐渐地，通过坚持不懈、持之以恒的努力，我们拥有了一家强大的、成功的跨国公司。

　　人生的旅途中会有无数的岔路和十字路口，想找到一个放弃的理由易如反掌。创业早期，我们曾计划举行一次很大的销售会议，为此付出了很多努力。我们在电台和报纸上打广告，四处游说不同的人群，还租了一座大型体育馆。结果却惨不忍睹：只有两个人在会场露面。想象一下，面对着空荡荡的体育馆，谁还有动力来一场满腔激情的销售演讲呢？但我们还是坚持完成了会议。会议结束后，我们连住旅馆的钱都掏不出来，只能开夜车回家。尽管如此，我们也没有停下前进的脚步。

　　在遭遇挫折和不如意的时候，你只有两种选择：要么放弃，要么坚持。如果让我把自己的一种性格特征，传递给年轻人，帮助他们成功，那我会选择坚持。因为它对人的影响，要远超体格、智力、颜值和运气。坚持源自一个人灵魂深处的某个角落，是上天对人生缺憾的一种补偿，所以千万不要低估它的能量。

CHAPTER III

第三课　自信

　　人生真的是一个十足的矛盾体，一方面，如果人们设定目标时好高骛远，他就可能以失败告终；另一方面，如果人们志存高远并且坚持不懈，他也可能达成目标，修成正果。

　　杰和理查都不会驾驶飞机，但这并不妨碍他们在 1946 年创办狼獾空中服务公司，这是二人第一次创业。

促使人们坚持不放弃的动力是什么呢？是自信！如果你不相信自己的潜力，那么你很可能在中途放弃，但如果你不断地对自己暗示"我想我能！"，也许就真的能梦想成真。

但我始终也没搞明白，什么能真正激发人的潜力？

我经常受邀去发表一些鼓舞人心的演讲，许多听众想知道，为什么有些人成功，而有些人却失败了。简单来说，就是"成功的秘诀"。

我希望能跟大家分享一些超凡脱俗的智慧，我希望能跟大家解释，为什么有人能在多数人都放弃的时候，仍然选择继续前进。我唯一能够告诉你的就是：不管你的人生目标是什么，只要充满信心，你就可以实现它！

当我还是一个毛头小伙的时候，我就为自己设定了一个清晰的人生目标。我想要的，我的目标，就是建立自己的公司并取得成功。对于达成目标所需的个人能力，我从未有过怀疑。很多人梦寐以求的博士学位、进军政坛，或者成为一名职业高尔夫球员，对我完全没有吸引力。

你也许会认为，我的自信是上天的恩赐，或者来自某种遗传基因。但实际上任何人都可以和我一样自信。自信不光是天赋，也是一种选择，即使你没有携带自信的基因，你也可以通过后天的选择，成为一个充满自信的人。

过去的几十年的人生历程，清晰地印证着自信是我的重要人格特征之一。20岁出头时的我，天真单纯，桀骜不驯，不知天高地厚，有时还会产生难以名状的自豪感，对自己的所作所为相当满意。我相信自己有能力完成任何事，因此我做了很多谨慎和理性的人不愿意尝试的事情。在这个过程中，我经历了一系列常人难以想象的风险，体会到了快乐，也获得了受益终身的宝贵经验。

我与最好的朋友杰决定买一艘帆船，到南美洲进行一年的冒险。我们先到了大西洋海岸，在那里找到了一艘被放在干船坞里很多年，叫作"伊丽莎白"号的二手木质帆船。当年，我们对帆船一无所知，如果换作是现在的我，看到这艘长 38 英尺的老古

1949 年，杰和理查开启了"间隔年"的航海冒险。他们驾驶着长约 11.6 米的"伊丽莎白"号驶向加勒比海。他们尽管戴着水手帽，但对航海其实所知甚少。

董，肯定会逃之夭夭。

"伊丽莎白"号的寓意是"上帝保佑"，可它的模样与它美丽的名字实在是相去甚远，我们蹩脚的航海技能比帆船的状况更糟糕。尽管如此，我们也没有打算取消行程。

我们计划沿着美国东海岸顺流而下，前往古巴，从那里穿过加勒比海向南美洲航行。

这趟冒险之旅，即使对经验丰富的船员来说，也不是件容易的事，但我们年轻气盛，自信满满，已经做好了迎接困难的准备。

在我们买下"伊丽莎白"号之前，我们连甲板都没上过，甚至连"航海新手"都算不上。就这样，我们一手拿着航行技术说明书，一手掌舵，沿着美国东海岸，在不断地搁浅中航行……看一下我们的航海日志，你就会看到上面有多少次"再次搁浅"的记录，不过具体数字我要保密。

毫不奇怪，导航也不是我们的强项。最好的例子就是我们一度迷失在新泽西州，害得海岸警卫队花了整整 8 个小时才找到我们。当时的我们根本就不在海上，而是在近岸内航道两次转错方向，被困在海湾无法前进。

逐渐上手之后，我们才明白，迷路和搁浅完全都是我们自身的问题。我们最终还是抵达了古巴。当我们沿着岛屿的北海岸航行的时候，我们的帆船开始漏水。我们花了两周时间给"伊丽莎白"号的船体加固加密，还请了一名古巴水手，向巴哈马海峡驶去。但不幸的是，刚刚加固加密的船比之前的情况更糟糕。午夜时分，在深达 1500 英尺的海水中，我们的帆船开始下沉。水不停地进入船体，抽水泵全部用上也无济于事。眼看着海水慢慢地填满船底和船舱，我们不得不弃船逃生。

　　我们发射了救援信号弹和求救信号，注视着茫茫海面，期待路过的船只能发现我们。在凌晨2:30的时候，一艘经过的美国货船"艾达贝尔·莱克斯"号救了我们一命。黎明时分，"伊丽莎白"号沉入了海底。

从南美回国后，杰和理查与从"伊丽莎白"号上抢救下来的救生圈合影留念。

　　"艾达贝尔·莱克斯"号的船长将我们放在波多黎各圣胡安岸边。那时，换作别人，早就该放弃回家了。但杰和我决定继续完成我们的梦想。我们带着抢救回来的一些私人物品和现金，再次整装出发。毕竟，要到南美，还有很多其他路线可选择。在波多黎各，我们在一艘开往库拉索岛的油船上，找到两份海员的工作。后来，我们乘坐直升机飞到加拉加斯，然后到达哥伦比亚高地。在那里，我们乘坐一艘桨式驱动汽船穿过马格达莱纳河，随后转乘火车，直奔太平洋海岸。我们一路上沿着南美洲西海岸往下走，从哥伦比亚到智利，翻越安第斯山脉，沿着东海岸到达圭亚那，在所有感兴趣的地点驻足游览。加勒比海的大多数主要岛屿都有我们的足迹。这的确是一场精彩绝妙，一生只有一次的冒险之旅。

　　旅行也改变了我的人生。我学会了如何冒险，如何迎难而上，最终实现目标和梦想。"伊丽莎白"号的沉没让我明白，"活在当下"是多么重要，它教会了我如何应对突发情况，让生活更加从容和有趣。正是受益于那次旅行，我才能在之后的冒险中一次次转危为安。

　　不要让缺乏自信把梦想扼杀在摇篮当中，更不要因为他人的畏惧不前而阻碍了你的脚步。在你尚未对这个世界"无所不知"之前，不要轻易停下，否则，你迈出的第一步也将变得遥遥无期。俗话说，站在岸上学不会游泳。有时候，我们都需要让脑袋停止转动，闭上嘴巴，不要再衡量各种观点，计算各种成本，轻装上阵岂不更好？

　　不试一下，你怎么知道你做不到？"要么尝试，要么哭泣"，这是我的座右铭。对我们所有人来说，要么放手一搏，要么掩面痛哭，而往往行动起来，自信也会随之而来。

CHAPTER IV

第四课　乐观

　　如果你急切地希望某件事情有所改观，也许就真的会如你所愿。心存悲观，通常都让你"如愿以偿"；自感鸿运当头，好运常常也会降临！乐观与成功之间似乎存在着一种天然的因果关系。

理查与杰在 1986 年安利公司 25 周年活动上合影。

　　乐观和悲观是两股对立但同样强大的力量。我们每个人都必须在这两者之间做出选择，它体现着我们对于未来的预期与展望。任何事物都有两面，生活也不例外。我们无法限定生活应该是什么模样，但我们可以选择以哪种姿态去接受它。是昂首探寻希望，还是在低头中走向绝望，我们可以自己决定。对我而言，我会毫不犹豫地选择前者。我会把注意力集中在生活中光明的一面，忽略那些阴暗的角落。天性和对待事物的态度，让我成为一个真正的乐观主义者。当然，我也清楚悲伤的存在。我是个70多岁①的高龄老人，当我历经了大大小小的人生风雨之后，我才发现，生活中好的方面远比坏的方面要多。

　　拥有乐观的态度并不是一件奢侈的事，而是一种必要。你看待生活的态度决定了你的感受，你的行为模式，以及你待人接物的方式。消极是灰心丧气的乐园，没有人愿意在那片阴沉下虚度此生。

　　多年前的一天，我到加油站加油。那天天气不错，我的心情也不错。付钱的时候，工作人员突然问我："你感觉怎么样？"尽管这是个老掉牙的问题，我还是回答他自己快乐极了。没想到他却说："你看起来并不好。"我大吃一惊，并强调我真的感觉棒极了。他却毫不犹豫地告诉我："你的脸色看起来很糟糕。"他的话像迎面泼来的一盆凉水，原先美妙的感觉顿时烟消云散，我只好灰溜溜地离开了加油站。

————————————

① 本书写于 2000 年，当时作者 74 岁。——编者注

　　一路上，我感觉很不自在。开了一个街区之后，我把车停在路边，看着镜子里的脸，不停地问自己，一切是否正常？是不是感到有点沮丧？这种不安的感觉一直笼罩着我，让我一度怀疑自己的肝脏是不是出了问题，或者得了某种罕见的疾病。

　　我满心欢喜地再一次来到加油站，想要弄明白那天到底发生了什么事情。突然我发现，这个加油站最近被重新粉刷过，墙壁上的黄疸色反射到人的脸上，让每个人看起来都像得了肝炎一样！不知道有多少人和我有过同样的遭遇，与陌生人的几句闲聊就影响了自己一整天的状态。可见，一段消极的对话，会对人的心态和行为产生多么深远的影响！

　　乐观是战胜悲观主义的唯一方法。我最庆幸的事情之一，就是生我养我的国家自古就有着一股乐观劲儿。事实上，当整个社会都沉浸在积极向上的氛围里，一些超乎想象的事情就可能发生。当整个世界都充满希望，积极向上，人们又何尝没有勇气放手一搏，勇敢追梦呢。

　　社会上存在太多的问题，解决它们需要花费很大的气力和时间，所以你真的要把有限的精力都浪费在吹毛求疵上吗？百老汇表演足以说明我的看法：一部作品即将上演，剧本、资金、场地都已完备；导演、演员也已整装待发；布景、灯光、音响正在做最后的调试……在首演前夜，几百名工作人员一直在不知疲倦地辛勤忙碌着，希望能为观众呈现一场绝无仅有的视听盛宴。

　　演出当日，有四五名影评人坐在观众席中。如果他们的评论毫不留情，演出可能只会持续几天或者几周；如果他们的评论充满溢美之词，演出可能会持续很长时间，并取得巨大的轰动效应。由此可见，成功与否可能只掌握在某一个人手里，而只要当晚他心情不佳，表演也就打了水漂！演出有什么问题吗？没有。那么为什么会出现如此迥然不同的结果？原因在于，我们把影评人的权利放在了编剧之上。批判总是比创作来得容易。我们在敬畏来自社会各界的批判时，也会被卷入批判的旋涡。如果我们深陷在批判中，无法自拔，那么整个社会的乐观精神，也就不复存在了。我们应该尊重那些勇于创造、敢于冒险的人。如果我们总是用质疑的眼光看待新鲜事物，创新也就无从谈起。当人们屈从于无情的冷嘲热讽时，就会本能地选择后退；当我们过多地鼓励否定论时，就会诞生对一切都漠然消极的一代人。

无论是在安利的圣诞派对上观看魔术队比赛，还是在旅行或者家庭活动中，理查永远都用他的乐观感染着他人。

20 世纪 60 年代，拉尔夫·纳达尔因批判汽车工业，一炮而红。不可否认，当时汽车工业确实有待改进，但人们却忽视了一个重要问题：拉尔夫·纳达尔从来也没造过车。

今天，市场上有大量规格各异、价格适中的汽车，供我们自由选择。我们很容易就发现自己汽车的缺点，并且理所当然地提出批评意见，却几乎没有人体谅汽车制造工作本身的艰辛。但对我而言，令我印象深刻的不是汽车的缺点，而是它带给我生活的便捷和高效。毕竟，汽车制造本身就足以称得上是一项成就。

如果你认为大多数人的头脑反应比较迟钝，或者每一个大规模行业都极为腐败和贪婪，那么你就不可能为了改变现有局面而努力工作。悲观主义、玩世不恭、缺乏信心，上述所有态度都会导致社会的瘫痪和个人的懒怠。

积极、乐观的态度是进步的驱动力，人们总是能从表扬和鼓励声中获得力量。活在当下，积极迎接未来。时代好，有什么梦是不敢做的!

在美国刚刚成立的时候，美国人的人均寿命还不到 40 岁。男人通常每周工作 72 个小时，女人更糟糕，每周要花费 100 个小时完成家务。在他们一生之中，很少有人到过离出生地两百英里以外的地方，大多数人的运动量远远不达标。这听起来还是你心中的"美好往昔"吗？乐观不等于幼稚。在保持乐观的同时，你也应该知道，有些问题依然存在，而且有些问题解决起来，还相当棘手。但乐观主义确实会改变人们的态度。例如，这么多年来始终有人说，把钱花在太空探索上简直就是浪费。他们说："与其花 4.55 亿美元送人上月球，还不如把钱花在解决贫困上。"但如果问他们，究竟怎么去规划这笔钱的时候，他们却都哑口无言。我告诉他们说："只要你给我一个解决方案，我就去筹钱。"与其批判用钱不当（如美国的太空计划），还不如想想如何解决问题，这样才是真正的造福人类。乐观可以把我们的注意力从悲观中拉回正轨，让人们的思考更积极，更有建设性。乐观主义者更关心如何解决问题，而不是毫无意义地吹毛求疵。不管你以后会经历些什么，挫折也好，痛苦也罢，我都希望你仍能用善良和真诚，拥抱生活给予你的一切，永远对这个世界充满期望。

CHAPTER Ⅴ

第五课　尊重

作为 NBA（美国职业篮球联赛）奥兰多魔术队以及 WNBA（美国女子职业篮球联赛）奥兰多奇迹队的老板，我有时候会听到球员议论："我没有得到任何尊重。"这些曾在高中和大学受万众瞩目的职业球员，在竞争激烈的 NBA 或者 WNBA 中，却很难得到同等的关注。于是，一些人便将缺少关注和缺乏尊重画上等号，把注意力集中在媒体上，过分关心报道中的得分、失误等，并以此衡量他所受到的尊重。

不幸的是，有些球员并不知道，尊重是自己给自己的。塑造强大的内心，

作为奥兰多魔术队的老板，理查在团队管理和企业运营方面，都展示出优秀的领导能力。

懂得自爱和自重，自尊也就随之而来。

还有一些球员，用收入的高低来衡量尊重的程度。如果某位球员赚得比别人多，他就会觉得自己获得了更多尊重，但他并不知道，尊重在于自己如何看待自己，跟赚钱多少无关。

有人说，爱让世界更加美好。但我认为，在我们日复一日地与人接触中，是尊重撑起了这个世界。每个人都有自己的个性和独特的生活方式，"己所不欲，勿施于人"，你希望别人怎样对待你，你就应该怎样对待别人。

如果我们总是用偏见贬损或漠视他人，那么我们就剥夺了他人的尊严。永远不要以肤色、宗教信仰、学历、住所、穿着或者语言为标准衡量他人。如果我们设定这些条条框框，就等于用标签来定义他人，如此一来也就没有把他人当成具有潜力和智力的人。很多时候，我们都根据职业来判断别人，而忽略了他们的天赋和能力。平凡人是国家的脊梁，这些默默无闻、辛勤劳作的普通人，是真正的"社会英雄"。

一个夏天，我和家人在度假的小屋，就结识了这样一个"普通人"。他是这个地区的清洁工，每周来一次，每次来都是早上6:30，简直就是行走的"人体闹钟"。他从来不乱扔垃圾桶发出很大的噪声，而是慢慢提起垃圾桶，将垃圾倒进手推车，然后把垃圾桶放回路边，再小心翼翼地盖上桶盖。他做事安安静静、慢条斯理、一丝不苟，很难想象一个从事体力劳动的男人，竟然也可以如此细心。

观察他几个星期后的某个早上，我走过去跟他打招呼："你工作做得真好。"我想，他一定很诧异，竟然会有人这么早起床，只是为了跟他打个招呼。我对他说："我出来只是想跟你说，我真的很佩服你。"

他露出一个非常灿烂的微笑并告诉我，他从事这份工作已经12年了，这是第一次有人专门称赞他，连他的老板都没有这样说过。12年来，这名尽职尽责的清洁工，虽然没有得到任何鼓励或者感谢，但他懂得尊重他人，理应得到他人的尊重。

尊重来自你清楚地认识、接纳和评价自己，并不在于他人如何评价你。当然，每个人都有自己的问题和缺点，社会中也存在着懒惰、不守信用或者无所事事的人。但是，今天仍然有许多人

作为挚友、家人和事业合伙人，理查和杰始终彼此信任，彼此尊重。

在辛勤地工作，是他们保证了这个社会的正常运转，没有他们，我们的生活不知将会变得多糟。

多年以来，我一直在冥思苦想：是什么成就了一名优秀的领导人？我的经验就是：懂得尊重他人。经营一个企业或者一个机构，需要具备很多的能力和素质，但领导人倘若对身边一起工作的人，如同事、员工和客户，都毫无尊重之心，那么领导人这一角色也就无关紧要了。不尊重他人的领导人，算不上真正的领导人。

尊重是相互的，如果你想得到他人的尊重，你必须首先学会尊重他人。你根本不需要开口，人们就可以通过感觉来判断你对他们的态度，所以，不尊重是无法隐藏的。

多年前的一天，我们在一艘游艇上举行聚会，一位新船长向我诉苦，尽管他"要求"船员们尊重他，却仍得不到他们的尊重。我告诉他，尊重是"赚"来的，而不是求来的。我在船上生活了一周，在这段时间里，我发现那名船长根本就没有明白我的意思。没过多久，他就被解雇了。

想一下与你经常接触的家人、朋友、顾客以及同事，他们都以某种特殊的方式，影响着你的生活。在他们之中，有多少人真正赢得了你的尊重？你又是否向他们明确表达过尊重？

无论一个人的身份和工作是多么的卑微，我们都应尊重他，这是我们应该具备的良好品质。尊重没有高低贵贱之分，尊重他人就是尊重自己。

CHAPTER VI

第六课　责任

　　责任是一个古老的词语，古老到可以追溯到伊甸园时期。亚当和夏娃偷尝禁果，还试图"瞒天过海"。亚当责怪夏娃，夏娃责怪毒蛇，可惜他们谁也没能逃脱，最终都为自己的所作所为付出了相应的代价。

　　亚当和夏娃被"抓包"时，两人的反应着实令人同情。但我们可别笑过了头，落得个五十步笑百步的下场。上天给予我们自由选择的权利，但也规定了我们必须承担相应的责任。责任就如同胶水，将整个社会紧紧黏在一起。社会契约指导我们，如何与他人相处。社会契约既包括有形的部分，例如法律，也包括无形的部分，例如个人的责任感。

　　首先，因为境况不同，每个人在承担责任时遇到的挑战也不同。责任越大，面对的诱惑和挑战也越大。可是，我们不能因为某些人的生活环境艰难，就默认他可以不计后果地为所欲为。

　　其次，不存在没有自由的责任。自由和责任好像是硬币的两面，两者缺一不可。当我还是安利公司总裁的时候，我意识到，如果我没有授权部门经理相应的权力，那我让他负责是没用的；如果他不能自由地做出决策，那不论工作结果如何，我都不能怪他；如果我们打算让某个人承担责任，那么我们就要创造一个环境，一个氛围，让他可以自由地去冒险和犯错。

最后，不存在没有评价的责任。如果没有客观评价，就难以判定责任范畴。我们都要从自身下手，对自我表现进行评估。我感到很荣幸，能够拥有杰这样坦诚相见的工作搭档。我一直非常重视他对我经营决策的评价。如果没有他的评价，我会走很多的弯路。同样，我也会评价他的决策。我们相互扶持，因为我们都知道：没有人能够真正客观无私地评价自己。

如今，安利已经发展成为一个遍布世界 100 多个国家和地区，拥有 300 多万营销人员的跨国公司。

评价有很多种形式和方法。在学校，老师通过评定学生的考试成绩、作业和日常表现，了解学生的进步情况。但由于存在人为因素，这些评估可能并不完全公正，但是如果没有这种评价，学生将会陷入平庸的泥沼。一个相对公正的评价体系有助于激发人们的工作热

1959 年，理查和杰在亚达城家中的地下室创立了安利公司。

情。它促使人们更愿意努力工作，去超越那些偷懒或者甘愿平庸的人。

我们永远都不应该帮助他人逃避责任。无论是自愿还是采用强制手段，在鼓励进步上，评价都至关重要。当杰和我经营安利的时候，每六个月我们就会对员工的工资、个人目标和期望进行一次评估。

有些时候，评估可以帮助我们发现自己的天赋和能力。与其在一件事情上茫然挣扎，不如去尝试一下其他事情。失败不一定是坏事。

美国画家詹姆斯·惠司勒回忆他在西点军校化学考试不及格的事，他说："如果我没有把硅当成气体，那么我现在就是一名少将了。"如果他没有因此转行，也许我们现在就会缺少一位伟大的画家。

责任是我们与生俱来的对自己的一种约束，一种力量。责任也是一个人人生观、价值观和世界观的体现，是一个人对待生命和生活的态度。

如今，安利已经发展成为一个遍布世界100多个国家和地区，拥有300多万营销人员的跨国公司。

CHAPTER VII

第七课　家庭

在我的脑海里，所有和"家庭"有关的记忆，都是温暖的。

尽管有时家里的经济条件并不好，但有家人在，总是感觉有很多爱在身边。我的家庭成员之间关系密切，一起分享快乐，也共同承担风雨。我从来没有失去过被爱的感觉，我也在这种温馨的家庭环境中学会了如何去爱。

回首过往，我清楚地认识到，家庭对我个人的成长和发展至关重要。如果说我的事业成功有一半是得益于我对销售工作的热爱；那么，另一半

理查和父母、妹妹伯尼斯的感情都很深厚。

理应归功于家庭对我的熏陶和影响。是祖父让我萌生了创业的念头，他让我从小就了解了销售。我也十分感激我的父亲，他将自己的创业精神传给了我。他是一名踌躇满志、受人尊敬的电气技师，一生都在为拥有自己的企业而奋斗。很遗憾，直到他59岁离开人世，他也没有实现这个目标。不过他的谆谆教诲却让我受益终身。他说："无论你干什么，最重要的是拥有属于自己的事业。"弥留之际，他还在提醒我："你千万不要忘记，做事要讲诚信，要公平公正。"这句叮嘱成了在我耳边时刻回响的箴言。

我在家里学会了爱和责任，也在家里把家族价值观代代相传。今天，我们经常听到"好日子"，但究竟什么样的生活才算"好日子"？是不再感到压抑和恐惧？是财务自由？是身体健康？还是拥有更多的空闲时光？在人生的不同阶段，对"好日子"的定义也不同。但是如果缺乏稳固的、充满爱的家庭，那么这些想象都将失去意义。

如果要把构成理想社会的各项要素重新排列组合，我会把家庭放在首位。每一种社会契约的建立，都是以和睦的家庭为基础的。如果家庭是稳固的，那么即使是社会变革、政治剧变也不足以让这个世界土崩瓦解。

和大多数父母一样，海伦和我也犯过许多错误。但不管怎样，我们都深深爱着我们的孩子，并全心全意地关心和呵护他们。在向子女传递我们的价值观的时候，我们也都非常谨慎小心，因为我们知道，如果我们没有好好教导他们，就会有别人来误导他们，那结果一定非常可怕。我们还尽量避免成为"消极父母"。俗话说，"说得好不如做得好"。一句话不说，让孩子通过观察父母言行，就能建立良好的价值观，这是不大可能的。教育孩子这件事不能只是纸上谈兵，还必须要身体力行，真正做到言传身教。孩子们需要的是，虽然每天面对很多生活压力，但还能和自己积极沟通的父母。

"如果你忙得连陪自己子女的时间都没有，那你真的忙过了头。"生活中有些事是没法假手于人的。陪伴家人、教育子女的重要性是其他任何事情都无法比拟的。

我的公司有一位首席飞行员，他就是我认为的"好父亲"。一年中的大部分时间，他都在世界各地飞来飞去。不过，一旦他回到家里，他就把心全放在家人身上。他不会坐下来看电视，或者宅在自己的房间里，周末也不会出去打高尔夫，而是主动陪孩子玩，关心孩子们的生活，听他们讲自己的心事。在孩子们还小的时候，海伦和我就把家族中世代传承的价值观，一点点地传递给他们。我们还将这些价值观跟他们的日常行为联系起来。孩子通常都不会将理论和实践相结合，这时父母就要给予他们足够的指导和帮助。

今天，我们所有的孩子都参与到我们的事业中来，尽管他们拥有继承权，但是他们从来都不摆架子，也不会"空降"到管理层。经营家族企业的最大挑战之一，就是如何将企业顺利地传递给下一代。在这个过程中，基本的价值观很容易就遗失，杰和我不想让这种情况在安利发生，于是我们要求子女们必须要以学徒的身份，在公司工作一定的年限。

　　我的大儿子狄克从 12 岁起，就开始在放假期间来安利打工。除草和扫地每小时可以赚 35 美分。他在不同的部门从事过不同的工作，现在他还很自豪地说，"当时我还开过十八个轮子的大货车呢"。

　　我的其他孩子——丹、雪莉和德，在他们到了可以工作的年纪时，都会来安利锻炼。他们从最基础的工作干起，并尽可能地隐瞒自己的身份。我希望别人是通过他们的表现，而不是他们的名字，来评判他们的价值。

　　在做学徒和实习期间，孩子们学会了尊重每个人的劳动，感谢所有人的付出。他们跟其他员工同甘共苦，相互分享，一起嬉闹，彼此倾听，共同学习。这种方式不仅有助于他们了解公司的运营细节，还能让他们真正地理解公司的价值观。

　　家庭价值观与企业价值观大同小异，而经营一家成功的企业，就要给

理查和太太海伦经常出海，他们许多美好的家庭回忆，都是在出海游玩的时候留下的。

予家庭更多的关注。所以，从一开始，我和杰就尽力确保安利员工的家庭和睦，包括营销伙伴的家庭，因为他们才是整个安利事业的核心，这也是公司至今仍在坚持的目标。直销模式可以允许丈夫和妻子、子女在一起工作，但是杰和我并没有刻意地把安利发展成一个家族企业，这是自然而然的事情，是我们价值观的必然产物。慢慢地，家庭也就成了安利四大基石之一。

　　每个父母都曾被孩子问倒过，我也一样，但我不会不懂装懂。有时候，不妨交给时间去处理，我们只需要偶尔参与一下便可。有时我们需要学会拒绝，让孩子自己处理。你必须清楚什么时候需要强硬，什么时候需要放手，什么时候需要一起哭泣，什么时候需要开怀大笑。我们要永远感谢家庭，是它给了我们生命，也是它教会我们什么才是真正的生活。

在每个家庭成员的人生重要时刻，理查从不缺席。

CHAPTER VIII

第八课　自由

有一天，有个男的决定把房子卖了，换套更好的。

他打电话给房地产经纪人，让他把房子挂牌出售。房地产经纪人写了一则广告，说明房子的特征，并登在了当地的报纸上。

第二天，男子看到了广告，反复读了好几遍，然后打电话给房地产经纪人。

"我不想卖了。"他说。

在庆祝顺利完成心脏移植手术、从伦敦平安归来的聚会上，理查热情地和当地童子军打招呼。

"为什么？"对方惊讶地问道。

"因为我刚刚发现，我一直住在梦想中的房子里！"男子回答。

我们很容易就把事情视为理所当然，不是吗？就像我们大多数人心安理得地享受现在和平、安逸的生活，却常常忘了回过头看看那些曾经动荡的岁月，缅怀一下那些为了自由而奋斗牺牲的先烈们。当我们想要索取更多的时候，是不是应该先自我反省一下，正视自己的优点和缺点呢？

一天，我到拉里·金的广播节目中做客，一位听众通过电话告诉我，他因梦想破灭，正深陷在灰心丧气的泥潭里无法自拔。这正是当时很多人最真实的写照。悲观主义常常会浇灭人们追求自由的热情。

为了解答他的疑惑，我发表了一个叫作"销售美国"的演讲。在 20 世纪 60 年代，我在美国各地发表演讲，提醒人们：自由和机遇的春风依然在美国吹动。我当时年轻，满腔热情，对自己的成功也是满怀感激。要说是什么给了我勇气，无疑，是我的乐观。

我为自己和公司能为国家经济发展做出贡献，感到自豪。我也希望其他国家，都能找到发展之道，为人们实现梦想提供机遇。

我现在还是一如既往地乐观，但却更为谨慎了。四十年前，我们总是没有安全感，总是在自我拷问。如今，也许我们认为很多事都成了理所当然。我们习惯了自由给予我们的机会，而我们当中的一些人，把这种机会视为自己应得的。

我们这些生活舒适的人，当面对生活在贫困和绝望中的人们时，一定会感到心神不安。如果我们的感觉不是这样，那我们一定是在某些方面出现了严重问题。

我们必须要成为充满同情心、责任心和乐于奉献的人。我喜欢用约翰·卫斯理的话来提醒我的子孙后代："尽你所能赚取，尽你所能节省，尽你所能奉献。"

CHAPTER IX

第九课　信仰

　　我坚信希望、坚持、自信、乐观、尊重、责任、家庭和自由是获得事业成功和家庭美满的关键因素。除此之外，拥有坚定的信仰也是成功者的必备特质。

　　对我而言，信仰是生命的基础和最重要的财产。没有信仰，生命将失去方向，道德标准将土崩瓦解，世界将一蹶不振，人们也就不可能画出清晰而明确的人生蓝图。

　　信仰应该是主动和积极的，它能让你拥有足够的勇气和力量，面对任何艰难险阻。如果没有信仰，那么当医生告诉我"心脏衰竭"的噩耗时，我早就崩溃放弃了。

　　人们在面对命运的反复无常和不可控时，往往会生出巨大的恐惧感，这也就意味着，你必须要做出某种重

在亚达城举行的安利年会上，理查的演讲总是压轴节目。

大的人生选择。那么，与其陷入焦急忧虑的泥潭无法自拔，不如迎面而上走出困境。

信仰不需要任何理由。当你手足无措的时候，信仰让你不再迷茫；当你直面死亡时，信仰让你坚定地选择生存；当你遭遇险阻时，信仰让你燃起挑战的勇气。

信仰是生命给予的礼物，也是生活的一种选择。在我看来，无论是生是死，生命中唯一笃定的就是信仰。虽然有些时候，实践信仰很困难。那些孤独地面对生活，内心却没有信仰的人是最悲哀的。

信仰能让家庭成员紧密地团结在一起。多年来，我的家庭一直和睦亲密。不过和所有的家庭一样，我们也出现过问题。我的子女都很优秀，都有自己独特的想法，我们也会发生激烈的争论。但当家庭经历困难的时候，我们却总能团结一心。我们心里对重要性有个排名，而对家庭的忠诚度永远位列排行榜首位。信仰使我们相亲相爱，使我们能够超越自己，看到生命中更加重要的人。

有时候，人们在听到富人或有权势的人谈论信仰时，会感到惊讶，但是我要告诉这些人，信仰对每个人都很重要。也许，对于一些普通人来说，最重要的就是获得财富和权势。在他们看来，一旦拥有这些，生活中的所有问题都会迎刃而解。不过，当他们拥有了财富和权势之后就会发现，能解决的问题其实少之又少。金钱不能购买内心的平静，不能治愈破碎的关系，不能减轻内心的负罪感，也不能让你明白生命的真正含义……

　　我并不是说财富和权势会阻碍你形成积极的信仰。在我们生活的这个星球上，物质是用来供人们享受的。我们不应去崇拜物质，但并非不能享受自己的劳动果实。重要的是，我们要知道如何利用钱财，竭尽所能地让这些钱财物尽其用。

　　我们所拥有的一切都是上天所赐。上天赐予我们富足的物质生活，不仅仅是为了让我们享受舒适的生活，而是以这种方式告诉我们，必须承担起更高的、永远不能逃避的社会责任。

在 20 世纪 80 年代早期，越来越多的人想要抓住机会，拥有自己的事业，安利大会的现场总是挤满观众。

　　我们说做就做，有能力，自觉自立。我们都是社会中的一员。没有人在精神生活上，能够自给自足。人们需要信仰，需要精神上的支撑，需要人与人之间的相互帮助和扶持。

　　如果没有信仰，成功也是虚无缥缈的。如果没有信仰，生活也会失去真正的意义。你赚得了世界，却赔上了自己的灵魂，这有什么意义呢？

CHAPTER X

第十课　恩典

多年前，我接受了心脏移植手术。这个手术的风险很高，活下来的概率很小。尽管我不想离开人世，但我已经做好了去见上帝的准备。

有人说，人最重要的不是风光地死，而是有意义地活。从这个层面上来讲，我已经对我现在的生活感到非常满足：我已经实现了大部分的人生目标，见证了一系列梦想成为现实。我的婚姻幸福美满，事业蒸蒸日上，子孙满堂，安享晚年之乐。

托马提斯和里克·麦克纳马拉医生对我的病情没有丝毫隐瞒。第一次与我的大儿子狄克沟通时，他们就建议我进行心脏移植手术。在美国，自愿捐献心脏的志愿者凤毛麟角，医院会仔细检查每位手术申请人的年龄、血型、生活方式以及当前的健康状况。而当时我已年近七十，健康状况不容乐观，血型又非常罕见。

尽管如此，他们还是积极地为我寻找合适的心脏。虽然我的医生找到了一家医院，他们愿意为我做心脏移植手术，同时他们还给我提供了一份"不能再糟糕"的病情报告：我已年近七十，患有糖尿病，血型是 AB 型 Rh 阳性，做过两次冠状动脉搭桥手术，好不容易才从葡萄球菌感染中捡回一条命，甚至还出现过中风……看一下我的这些病史，就可以想象，手术成功的可能性微乎其微。

几个月的时间过去了，依然没有一个振奋人心的消息。整个美国，没有任何医疗机构愿意接纳我。终于有一天，希望的曙光降临到我身上：英国伦敦的哈尔菲尔德医院的心脏外科医生马格迪·雅库教授同意接收我。雅库教授医术高超，以在移植领域完成挑战性的病例而闻名。他是我唯一的机会。

于是，刚刚参加完苏格兰业务会议的狄克瞒着所有人，携带着我的病历，只身前往伦敦与雅库教授见面。

雅库教授并没有同意移植，但他同意看看我的病情进展报告。他还暗示我拥有这种罕见的血型是种幸运。有时，存放在医院多余的特殊血型心脏，如果没有在规定的时间内被使用，也是一种浪费。要不是因为我血型特殊，几乎不会有进行手术的可能。

当狄克打电话给雅库教授，建议他与我见上一面时，雅库教授同意了。长达两年艰苦卓绝的寻找心脏之旅，

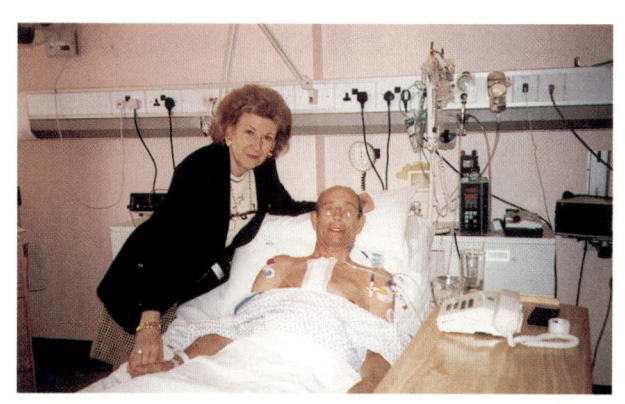

理查成功地接受了心脏移植手术，开启了人生新的篇章。

终于画上了一个完美的句号。

　　心脏移植手术不仅仅是一个医疗程序，更重要的是对一个人的性格和毅力的考验。1997年1月，在两个儿子丹和德以及妻子海伦的陪同下，我们前往伦敦，在那里我接受了为期四天的检查和评估。当第一天的检查、评估程序过半的时候，雅库教授和我进行了一次私人谈话。虽然他已经评估了我的病史，但相比于技术层面上的问题，他更想知道，我是否有信心继续活下去。谈话一共进行了20分钟，我的回答让他感到很安心，最终他决定为我完成手术。

　　找到愿意给我做心脏移植手术的医生，简直是不可思议。接下来，我们要解决第二个难题：找到合适的心脏。在本来就稀缺的捐赠者中，找到在血型和组织类型上能够精确搭配的心脏，似乎是天方夜谭。然而，更加糟糕的情况却出现了：化验结果表明，我的心脏血压也出现了问题。由于慢性水肿，我的心脏一直都是在强压状况下工作的（肺积水和其他组织积水），心脏右侧甚至已经肿大。这就意味着，捐赠者除了要满足所有的其他标准之外，还需要有强壮的右心室。本来寻找匹配心脏的过程就漫长无期，这样一来，就更加遥遥无望了。而且，因为我是美国公民，按照规定，捐赠的心脏首先要满足英国公民的需求，最后才能轮到我。

　　因为我们必须要在一小时之内赶到医院，所以海伦和我就住进了医院附近的酒店，等待随时可能出现的合适的心脏。我一天二十四小时都别着传呼机，或者把它放在身旁。没人知道合适的心脏会在什么时候出现，就算心脏出现了，留给我的时间也非常有限。心脏在体外成活的时间仅有四个小时，在体外停留的时间越长，成活期就越短。

漫长的五个月之后，我们终于等到了医院的电话通知，他们找到了一颗合适的心脏！医院里有一位 39 岁的女性患者，需要进行肺移植手术。在这种情况下，医生建议她同时进行心肺移植手术。与原配心脏一起，不但肺功能会恢复得更好，还降低手术的复杂性。医院决定将一名车祸遇难者的心脏和肺一起移植给她，这就意味着，出现了一颗珍贵的多余的心脏。

雅库教授认为这名患者的心脏非常适合我，尽管在医生摘下这颗心脏之前，他并不能确定这一点。但奇迹就是这样发生了：这名患者有肺部疾病，为了平衡肺部增加的压力，她的右心室发育得比正常心室要强壮。这颗大小不一的心脏并不适合其他任何人，但对于我，简直就是绝配！

即将到来的手术，让我忐忑不安。对于第一次开胸手术的患者，死亡率只有百分之一，但对于像我这样接受过好几次开胸手术的患者，死亡率却高达 50%。

各种悲观的情绪缠绕着我，而我只能躺在病床上，呆呆地看着天花板上刺眼的荧光灯。我能感觉到自己身体的重量，我也知道自己将被推进手术室里。在那里，我垂危的心脏将被取出。如果一切顺利的话，我将获得重生。如果不幸，我就会去那个被我们称作"天堂"的地方。

幸运的是，我活下来了。心脏移植对我来说是段痛苦的经历，但后期恢复却比手术本身还要艰难：药物的副作用让我夜夜噩梦不止，整日处在半意识状态，担心出现感染，担心身体排斥新心脏。这些折磨一度让我失去了天生的乐观情绪和幽默感。

　　一天，我尝试在医院大厅走走，顺便检验一下身体的恢复情况。我偶遇了一名住在隔壁病房的女患者。她问我："你换了一颗心脏？"我告诉她："是的。"她接着问我："手术具体是在哪天进行的？"听到我的回答后，她微笑着说："那是我的心脏！"

　　真是个奇迹！我才刚刚做完手术，就见到了心脏捐赠者。她还健在，她也在创造属于她的奇迹。我们俩都还活着！如此小的概率，谁能想到？

理查在接受心脏移植手术后，和家人、朋友、社区成员一起开了一个特殊的回家聚会。

术后三周，我出院了。但是一个疑问却一直萦绕在我心头：每天都有无数患者，在等待器官捐献的过程中离开人世，为什么我会活下来？我知道，就算我不移植那颗心脏，它最终也会被丢弃。但是，我的内心依然充满愧疚。我活下来了，带着我的新心脏走出医院，开始了人生的新篇章，可是还有无数人，在无尽的不确定和痛苦中煎熬。

你要相信，在最绝望的时候，希望的曙光能引领我们"重生"。